JN105500

時間の始まりは宇宙の始まり

「ニュートン」と「アインシュタイン」を超える時間論

石井 均

文芸社

ニュートン誌に

（ニュートンプレス）

「すべての人を悩ませる時間の謎」？ とか。

又、「時の流れは幻想なのか」？

という月刊誌が2021年10月に出た事がある。

しかし、この内容については疑問が多くある。又、曖昧さなど。

◎まえがき

社会同様に時間論においても「異質」の共生の問題があるという事を知る必要がある。

それは、絶対的時間と、相対的時間の問題である。

（1）ニュートンは絶対時間だけを主張し、

（2）アインシュタインは、相対的時間だけを主張して、ニュートンの絶対時間を否定しているが、アインシュタインの相対的時間はニュートンの絶対時間の中から生じている時間であり、ゆえにニュートンの絶対時間を否定したらアインシュタインの相対的時間は存在しなくなる。

この事を正しく認識する必要がある。

この事を明らかにするのが、「私の考え出した振り子の時間論」である。

尚、「時の流れは幻想」ではない。人の一生も、時の流れ。「時」の意味とは、～①時間、②期間、③時間の流れの意味。

時間論の七つの問題

（１）時間の始まりは、宇宙の始まり。（素粒子の始まり）

（２）ニュートンとアインシュタインの次点。

〜ニュートンは絶対的時間だけを主張。

アインシュタインは、ニュートンの絶対時間を否定し相対的時間論だけを主張している。

（３）私の振り子の時間論は「ニュートン」と「アインシュタイン」の二つを、振り子の時間と組み合わせた、時間論である。

（４）時間の六つの在り方。（日常生活に必要な時間）

（５）「時間と空間を超える時間論は決して有りえない、トンチンカンな言葉。（絵空事の言葉）」

（６）ゼノンの時間論は間違っている。

（７）ユークリッドの次元論は間違っている。

文化講演会

○今回のテーマ内容　　　　　　　　　　講師　石井　均

> 「時間の始まりは宇宙の始まり」そしてアインシュタインはニュートンの絶対時間を否定して、相対的時間論だけを主張しているが、ニュートンの絶対時間を否定したら、アインシュタインの相対時間は存在しなくなる。
> (ニュートンと、アインシュタインを超える時間論)
> 　そのほか、ユークリッドの次元論は間違っている。

○講演場所～「　　　　　　　　　　　　　　」

日付　令和　年　月　日　曜日～（約２時間）

定員数　　　名　参加費（コピー代のみ　　）

連絡　(　　　　)

○著書

「相対論は間違っていた」徳間書店より大学の教授達と共著

「左右性学と私の振り子の時間論」～ニュートンとアインシュタインの時間の欠点を埋められるのは、私の振り子の時間しかない～及び時間の５つの有り方。

そのほか「言葉の意味と日本文化と性と死」「時間の始まりは宇宙の始まり」
「今こそ、日本文化と日本の哲学」「文化講演」～道徳の哲学的原点など。

○「日本左右性学学会設立」（左右性学教授）「水墨画」「油絵」「ペーパーマジック画」尚、（左右性学とは、「陰陽」・「文化」・「物理」・「鏡の映り方」・「気象」・「植物」・「貝」・「ＤＮＡ」などについて）

時間論については

（1）ニュートンの絶対時間論と。
（2）アインシュタインの相対的時間論と。
（3）私の考える振り子の時間論と。
（4）私の考える六つの時間の在り方。

の４つの問題を正しく認識する事が大切である。

この本は、2021年の月間誌のニュートンを読んで、内容の曖昧な点が多くあったので、改めて、自分の考えを論文として書き直したもの。

時間の問題は、決して、「謎」でも、「幻想」ではない。現実の問題。

（1）謎とは～正体不明の意味。
（2）幻想とは～現実には無いのに有るように思うことの意味。

そして、時間とは、決して「謎」でも「幻想」でもない。
又、人間の日常生活に無くてはならない存在。

又、絶対の意味とは「何物にも比較できない」の意味。
そして、相対的とは「物事が、他との関係又は比較において成り立ち、又、存在しているさま」の意味。

目　次

◎絶対と相対の違い

ニュートンは「絶対時間」だけを主張し、アインシュタインは「絶対時間」を否定して、「相対時間」だけで、時間論を主張している。

（1）絶対とは、
　～何物とも比較できない事の意味。
（2）相対とは、
　～比較によって変化、成立などの存在。

時間論を正しく認識するには、絶対時間と相対的時間と、私の考え出した振り子の時間論の三つが必要である。

時間は決して謎ではない。

前文のニュートンの月間誌の『表示』を見て、自分の思っている事とは異なる内容であったので、これまで学んできた自分の考えを、新たに纏める事にした。

そして、アインシュタインは、ニュートンの絶対的時間論を否定しているが、アインシュタインの相対的時間論は、ニュートンの絶対的時間の中での出来事であり、ニュートンの絶対時間を否定したら、アインシュタインの相対的時間は、存在しなくなる。そして、私の時間論は、ニュートンの絶対時間と、アインシュタインの相対的時間を振り子の時間と組み合せて考える時間論。

◎私の考える宇宙の始まりの絶対時間や次元論について

ニュートンの絶対時間についてと、アインシュタインの相対的時間論は、ニュートンの絶対時間を否定した時間論となっているが、ニュートンの絶対時間を否定したら、アインシュタインの相対的時間論は無くなってしまう。この事を正しく認識する必要がある。

尚、「時の流れ」とは、川の流れのように時が過ぎる意味の事。(時間の経過)

生活をすごす中では、時間とはだれにとっても同じように、過去から未来へと流れていくものだと感じる。

しかし、相対性理論によると、時間の進み方は絶対的ではないといいます。〜アインシュタインのこの考えは間違っている。時間論にはニュートンの絶対時間と、アインシュタインの相対的時間のほかに、振り子の時間論などなどの時間論がある。

世界中でつづいている「次元論」と「時間論」の曖昧さについて。

尚、日常の時計時間は流れると言うより絶対的に先へと進んでいるだけ。そして、川の流れは時に逆に戻ったりもする。しかし、絶対時間は決して戻らない。

◎時又は、時間とは

「ニュートン」と、「アインシュタイン」の時間的内容は、絵画に例えるならば、画用紙と、描かれた絵のような関係に似ている点もある。

例えば、ニュートンの絶対的時間論は、絵画に例えれば、広い画面的空間の広がりであり、アインシュタインの相対的時間は、空間的画面の中に描かれた相対的内容の変化に例える事が出来る。

ゆえに、どちらも、無くてはならない存在となる。

尚、ニュートンと、アインシュタインの時間をつなぐのは、私の考えた「振り子の時間論」となる。

私の振り子の時間論の図（異質の同一性の時間内）

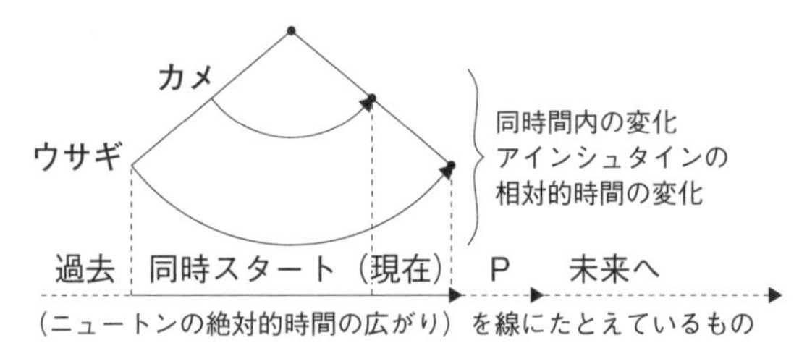

時とは～時間の事であり、又、時刻や時代などの意味する言葉。そして過去から現在、未来へとつづいていくもの。又、その中で変化も生れる世界。

この事を否定したら、「時」又は「時間」という言葉の意味が無くなってしまう。

そして、ニュートンの考えた絶対時間も、アインシュタインの考えた相対的時間も無くなってしまう。

（1）絶対の意味は

～「他の何ものとも比較されない」の意味。

（2）相対の意味は

～相互関係し合い、互いに相対的に相手方との切りはなせない成り立の内容と変化など。

ゆえに、ニュートンの考える絶対的時間の中に、アインシュタインの考え出した相対的時間が存在する。

ゆえに、アインシュタインは、ニュートンの絶対時間を否定したら、アインシュタインの相対的時間は存在しなくなってしまう。

そして、自然界も、川の流れも、動物や植物の生と死も、人間の生活も無い事になってしまう。

そして、宇宙の始まりも無いことになる。

宇宙の始まりは、絶対的時間の始まりから生れ、そして宇宙の相対的変化による広がりを生じているもの。

ゆえに、アインシュタインの次点は、ニュートンの絶対時間を否定した点にあり、ニュートンは、絶対時間だけしか考えていなかった。

私の時間論は、ニュートンの絶対時間と、アインシュタインの相対的時間を、振り子を使用した時間論となるもの。又、扇子(せんす)の開き方にも似ている。

古代の「アウグスティヌス」の言葉に、「時間とは何かと、問われるまでは、わかっていたような気をしていたが、改めて問われると、わからなくなる」と言っている。

○宇宙の時間の始まりの次元について。

アインシュタインの時間論の曖昧さ。

ユークリッドの次元論の曖昧さ。

私の振り子の時間論とニュートンの絶対時間について

などなど。

そして宇宙の始まりは一次元の時間の始まりから生れる。

その一次元はニュートンの絶対的時間の始まりであり、空間的に広がっている。

そしてアインシュタインの相対的時間は絶対時間内の出来事。

ニュートンの絶対時間は宇宙の広がりの時間であり、速いとか遅いという考えは、生じない空間的広がりの時間。

そして、アインシュタインの相対的時間は、ニュートンの絶対的時間の広がりの中での相対的出来事の時間。

ゆえにニュートン的絶対時間を否定すると、アインシュタインの相対的時間の変化も無くなる。

尚、時間とは「幻想」ではない。

国語辞典の「幻想」の意味は「発想で、現実にはないのに有るかのように思う事」となっているが、時間とは決して幻想ではない。

時間というものについての正しい認識が無いだけ。

◎時間という言葉について

時の変化を説明する言葉であり、必要不可欠の言葉。

そして、相対的時間は、時の流れ的変化であり、絶対時間は空間的広がりの中の時間。

そしてニュートンの絶対的広がりの中での変化は、相対的時間でありこれらを説明するには言葉が必要となる。

国語辞典の言葉では、「時間」とは、

（1）ある時刻から、他の時刻までの間としての時間でアインシュタイン的相対的時間。又、時計的時間とも言える。

（2）過去、現在、未来へと継続した永遠的時の流れ的

時間で、ニュートン的時間～（時空的）

ゆえにアインシュタインの相対的時間は、ニュートンの絶対的時間の広がりの中での出来事であり、アインシュタインはニュートンの絶対時間を否定しているが、ニュートンの絶対時間を否定したら、アインシュタインの相対時間は、消えてしまう。

そして、人間が生れ、死ぬまでの時間として、

これが生き物の絶対時間内の相対的時間。

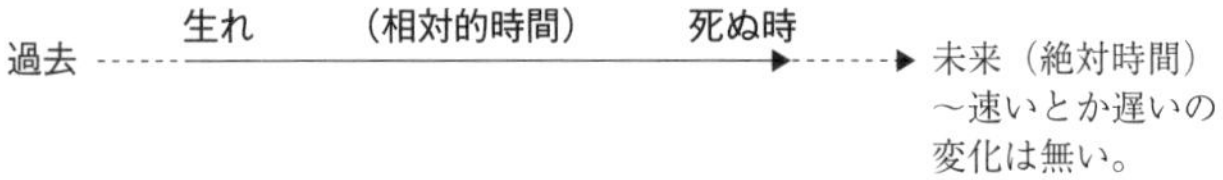

過去 ------ 生れ ——（相対的時間）—— 死ぬ時 ▶------▶ 未来（絶対時間）
～速いとか遅いの
変化は無い。

言葉としての時間が無ければ説明が出来なくなる。

ゆえに、アインシュタインの相対性理論による、「時間の進み方は絶対的ではない」とする考えは間違った考えとなる。

ゆえに時間の変化はニュートンの主張する絶対時間の中のアインシュタインの相対的時間の二つは絶対不可欠の言葉である。

ゆえに物事の変化や内容を説明するための言葉として

「時の流れ」とか、絶対的時間の広がりを部分的に図の中で、止めて、言葉で説明するための言葉が無ければ相対時間の変化も無くなる。

これらの変化などについて主張するのが、「私の振り子の時間論」である。

そのほか、ユークリッド次元論の間違いについてなど。

尚、「絶対時間には速さというものを知る事は出来ない。絶対時間は空間的広がり」その中で、相対的時間が、変化している事の中で、時間の差を知る事が出来る。この事を忘れてはいけない。

紀元前の時代から時間とは何か、と考えられている。しかし、未だに曖昧な内容の時間論が語られている。

又、次元論についても同じ。

時間の時とは「とき、時刻、時節、瞬時」など。

時間の間とは「物と物とのあいだ。空間的意味」。

したがって「時」と「間」では内容が異なる。

又、次元論についても時間の始まりの次元すらない。

太陽が出たり消えたりするのも時間の経過であり、否定する事は出来ない。時の流れ的相対的変化。

すべてが時間の経過の中の出来事である。この時間の経過を否定したら何も語れない。

そしてアインシュタインの相対的時間の変化は、ニュートンの考えの絶対時間内の出来事である。

しかしアインシュタインは、ニュートンの絶対時間を否定しているが、ニュートンの絶対時間の経過を否定してしまったらアインシュタインの時間論も成り立たなくなる。

アインシュタインは、この事に気づいていなかった。

ゆえに、時間とは、物事が変化していく時の経過の問題であり、すべての相対時間の変化は絶対時間内の出来事となる。

人間が生れて、死んでいく時間的流れの中の出来事であり、花の種を土に植えて、土の中で育ち、花を咲かせ、時が過ぎる中で枯れていく。

これも時間の流れ（経過的時の流れ）とも言える現象の一つ。

ゆえに自然界の変化は時間的経過の中で変わっている。

しかし、相対的時間の変化は目で感じる事は出来るが、絶対時間の経過は人間の目で見る事は出来ない。物事の変化としてしか見る事が出来ない。

ゆえに時計の時間の流れの中で、相対的変化を見るなどしか出来ない。ゆえに振り子の時間と、ニュートンの絶対時間を線の流れにすると、下の図のようになる。

絶対時間内の異質の同一性（異質～性質の異なり。同一性～差が無い事）

私の振り子の時間図

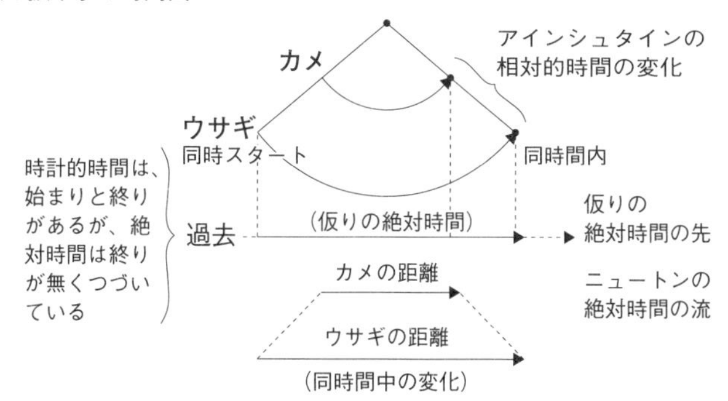

こうする事によってアインシュタインの相対的時間の変化や、ニュートンの絶対時間の流れも同時に見ることが出来る。

私の考える振り子の時間図でニュートンの絶対時間の流れや、アインシュタインの相対的変化が絶対時間の中の変化である事も図で説明する事が出来る。

時間論を正しく認識する上でも、ニュートンの絶対時間と、アインシュタインの相対時間と、私の考える振り子の時間軸を正しく認識する必要がある。

そして、宇宙の始まりの絶対時間の広がり、又は流れなど正しく認識し、「ユークリッド次元論」も、正しく考え直す必要もある。

そして「タイムマシーン」とか「時空を超える」とかのトンチンカンな言葉は、決して使わない事。

そして人間社会においては「時の流れ」とか、「時間の広がり」とかは、人間の目で知る事は出来ないので、目に見える線などを使用して説明するしかない。

結論として、
時間の始まりは、宇宙の始まりであり、
一次元の始まりでもあり、
そして、絶対時間の始まりでもあり、
そして、時間内の変化を説明するための線というものを使用して説明する必要もある。尚、線とは物事を説明するために、人間が考え出したもの。

◎時間を考える前に、「無」又は「ゼロ」などの事について考える必要がある

まず始めに、「ゼロ」又「無」の単語の意味について。

（1）ゼロとは～数の起点。又数量がまったくないこと

など。有と無の二つの考えがある。

（２）無とは～何も無い。空間。存在の無い。不明。

（３）無我～私心の無い。無心。

（４）無意～内容が無い。意味が無。

（５）無為～自然な状態。

（６）無価～価値の無い。又、評価の無い。又、しようの無い。

（７）無点～得点の無い。

（８）無相～姿、形の無い。

（９）用の無～余白の内容。（はたらきのある。意味のあるなど。）

（10）有を含んだ無の表現～余白的内容。暗示的味。

（11）無知～無知な絵。又作品となっていないもの。内容の無い。

（12）空間　～何も無い又は、あいているところ。

○余白と間について。

余白とは「何も描かれていない所、又、部分のところ」。

しかし絵画表現や書道においては字の味同様に大切な内容がある。

書かれている所との関係によって、味が異なる表現ともなるもの。

したがって「余白」とは有、又存る内容を含む表現の味となる問題の内容。

しかし、絵画においても書道においても構図同様に、大切な内容表現のある問題である事を正しく認識出来る知識が必要であるという事を忘れては作品にならない状態と化す。

又「間（ま）」とは「空間や余白的な所に、そえもの的に表わされた表現内容となるもの」。

この問題も、音楽や庭園や、文章、生け花、絵画、書などの表現に必要な問題でもある。
これらすべて造形表現又は造詣（ぞうけい）の認識の問題となる。

又無とは時間の始まりの前の問題でもあり、無の中から宇宙の始まりの時間も生れている。
絵画の画面の空間の中に点的存在として始まる所。

世阿弥の言葉に「せぬ所が、面白き事あり」と言っているのは余白の味の事と同様の問題がある。又、能としては動きを止めたりする所ともいえる。

池大雅（江戸中期の南画家）の言葉には「画において、何が難しいかと問われれば、何も描かれていない、余白表現ほど難しい表現はない」とも言っている言葉もある。

　岡倉天心（東京芸大の初代学長）の言葉には、「真の『び』は不完全を心の中で完成する人のみ、見い出すことができる」「絶えず、不完全な現実を超えた完全な理想な精神が求めるのが、日本文化であり、水墨画などにおける余白や、ゆが味などや、左右非対称の『造形』の面白味であり、庭園などもその例である」「禅僧が、色彩を施した仏画より、水墨画を好むのは外観の見かけより、真理の抽象を好むからである」……と言っている。

○岡倉天心の弟子の横山大観の言葉には「何といっても、水墨画は味わい深い。『素を残す』という水墨画の余白が、そのまま空となり、水となったり、神秘不可思議な味は、それを知る人のみが味わえる恍惚境（こうこつきょう）と考える」……と言っている。
　～恍惚とは～心を奪われて、うっとりするさまの意味。

　しかし、現在の東京芸大には初代岡倉天心が東京芸大を出てから、水墨画の学科は無いままつづいている。……。
「在る理由」があって。

「一期一会」という言葉があるが、この意味とは「一生に、一回限り」という意味。
「人の生も一期一会」であるが詩人の「金子みすゞ」や、

芥川龍之介などのように優れた作品を残して死ぬと、その後も多くの人の心の中に生きつづける。

そのほかのゼロとして、
内容のなさとしてのゼロ
無知
画用紙のゼロ（空間的）
０（ゼロ）またはレイ
マイナス
座標点としてのゼロ（ゴール点など）又、死（おわり）

◎時間と宇宙の始まり。

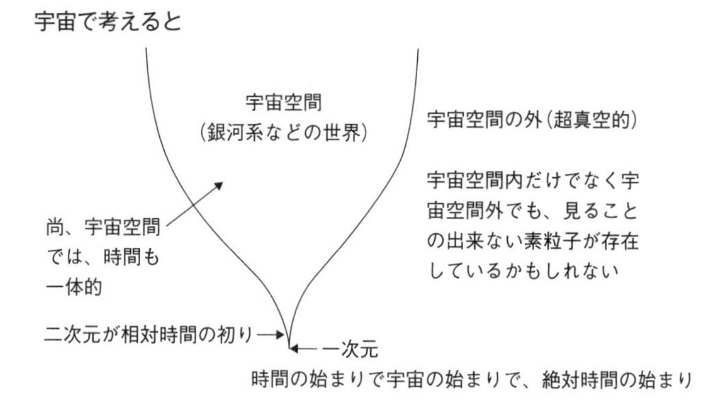

この宇宙の始まりの絶対時間を否定したらアインシュタインの時間は無くなる。

尚、人間社会が始まって、身の周りの事や食べ物の問題などを理解していくために「言葉」が生れ、さまざまな物事を理解していく社会が生れてきた。

もし、人間社会に言葉や文字が生れなかったら動物的生き方がつづいていたのかもしれない。しかし、地球にとっては迷惑な生きものと化し始めている。

そして物事を説明するために言葉や文字だけでなく線を使って、図を表現するように、文化的芸術的造形表現をもするようになった。そしてコミュニケーションも豊かになった。

そして造形表現も豊かになり平面の空間の中に余白などや、無の味の余白や精神的認識をも豊かになって、空とか空間的とか無化とか余白などを表現の一つとして使用するようになった。

しかし、これらの無化や余白や空などは物理的に宇宙の無とかゼロとか空間などとはまったく意味の異なるものである。

ゆえに文化的・芸術的世界での余白や無的などの表現を十分に認識して表現の豊かさを考えなければ芸術的造形表現の無的味や余白の良さを認識することはむずかしい問題でもある。

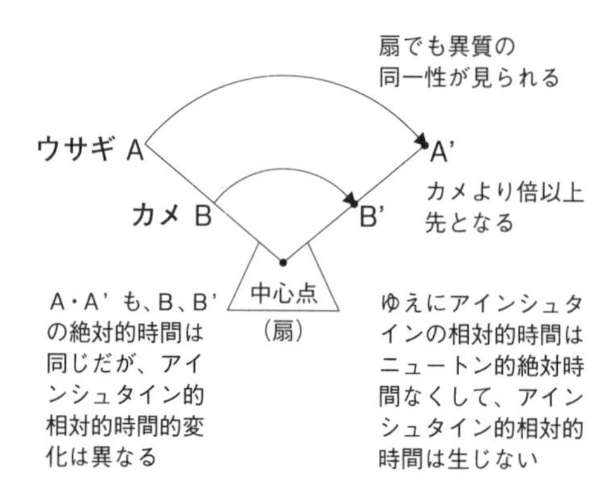
扇でも異質の
同一性が見られる
ウサギ A
A’
カメ B
B’
カメより倍以上
先となる
中心点
（扇）
A・A’ も、B、B’
の絶対的時間は
同じだが、アイ
ンシュタイン的
相対的時間的変
化は異なる
ゆえにアインシュタ
インの相対的時間は
ニュートン的絶対時
間なくして、アイン
シュタイン的相対的
時間は生じない

◎絶対的時間内の相対的変化の時間現象

「相対的時間論では重力によって時間の進み方が変わる」としているが、絶対時間は重力とは無関係なので、絶対時間はどんな場所でも、速くなったり、遅くなったりはしない。

この事は、私の振り子の時間論の図でも説明している。

絶対時間においてはこのような差は存在しない

地球全体の重力
(引力と同じ)

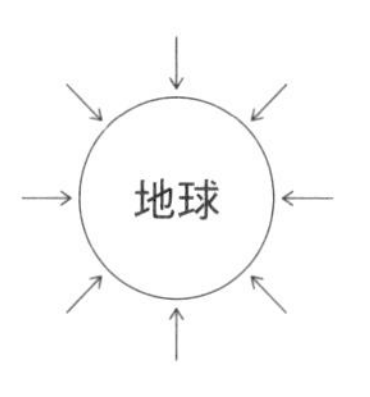

展望台の上の時計と、
地上の時計の進み方は、
10億分の4秒ほどの
差が生じるといわれている

水面から
水蒸気と
なった水分
が雲を作り、
雲の中で
固まり、
粒となっ
て固まり、
引力によって引っぱ
られ地上に雨と
なって降ってくる

東京のスカイツリー

しかし、
これは重力の違いによる
相対的変化であって、
「絶対時間」の流れや、
広がりは重力に
作用されない（絶対数的存在）

富士山の
上と下では
差が生じる。

雨

そして絶対的時間は無関係。

地上では富士山
の上より重力が
強い

相対とは、他のものとの関係に
よって生じる変化。又は成立の意味。
これが絶対時間と相対時間の違い。

この変化は、ブラックホールの回りの作用の変化と同じだが強さが異なる。

◎別な例としての見方の異なり（アインシュタインの相対論）

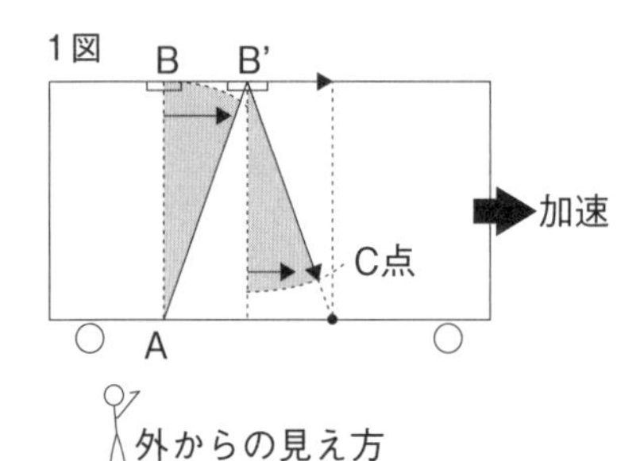

動いている列車の中では、外から見ている人の同時は異なるとしている。

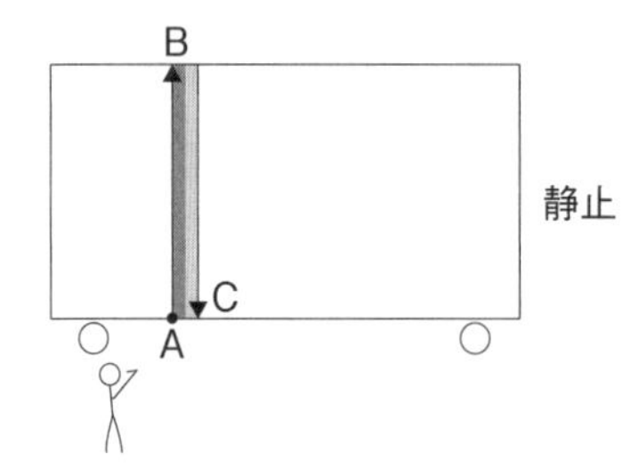

静止している車内の光の速さは、
進み方が速くなると考えて
いるが錯覚の見方。

光の速さは動いていても静止していても、電車の中では進み方の差は生じない。時計の時間も、電車の中と、電車の外での時間も変わらない。又、富士山の上下で時間の進み方が差が生じるのは重力によって時計の動き

（次ページへ）

アインシュタインの考えは、「同時におきた二つの出来事は、外の人から見ると同時ではない」とするこの考えは錯覚の見方。

ロケットのような速い乗り物であっても外で見る人にとっても、光の速さ同じである下の。これは異質の同性である。

左の1図では光が遅いように見えるが光の速さは中も外も同じ。

アインシュタインの考えは、錯覚的見方といえる。

この問題も振り子の時間論となる。

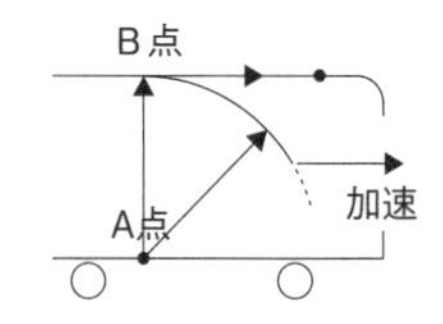

これは見方の錯覚のによるもの。

時間の進み方はどちらも、同じ時間内の出来事。

アインシュタインの、おもな理論

（1）絶対時間は存在しない。
（2）重力が空間をゆがめる。
（3）光は重力によって曲る。

この中の（1）と（2）は問題がある。

（26ページのつづき）

が、押えられるためで、時計の進み方が重力（じゅうりょく）によって押えられているだけで、生じる問題であって、時計そのものの問題ではない。

重力のために遅らされているだけ。

時計そのものが遅れているのではない。

○内容の説明が必要。

重い星	軽い星
⬇	⬇
重力がつよい	重力がよわい
⬇	⬇
時間のすすみかたがおそい	時間のすすみかたがはやい
⬇	⬇
時計はおくれる	時計はすすむ

○尚「遅れる」と。
「遅れさせられる」では意味が異なる。又、絶対時間には速いとか、遅いは存在しない。

◎ゼノンの時間の考えは曖昧

ソクラテス以前の古代ギリシャの哲学者にゼノンがいる。

ゼノンには「アキレスと亀」という有名な話がある。これは「時間」がテーマでもあり、ゼノンの考えは、いまだ解決されないままと言われている。

ある距離を進むには、まず、その半分の距離を進まなければならない。C地点まで進むためには、そのまた半分の距離を進まなければならない。このように分割を無限に進めていくと、結果として一歩も追い越せないという考えである。

A地点をスタートしたアキレスが、亀のスタートしたB地点に到着したとき、すでに亀はC地点に進んでいる。

さらに、アキレスがC地点に到着したときは、亀はその時間の分だけ先に進んでいる。あいた距離は、限りなく「ゼロ」に近付いていくが、決してゼロにはならない。

つまり、アキレスはどんなに足が速くても亀に追い付くことはできないという考えである。

この考え方についての私なりの答えとしては、相対的時間と時刻を使用して考えることである（絶対的時間としての時刻）。

まず、時間について考える。

ニュートンは絶対時間を主張したのに対し、アインシュタインは相対的時間を主張し、物理の時間を相対的時間だけで考えている。

人が、速さの異なりを目で知るための法方として、絶対時間をかりて、時間的差の違いを見る。(振り子の時間の使用として)

◎ゼノンの考え(前490年頃~430頃の人)

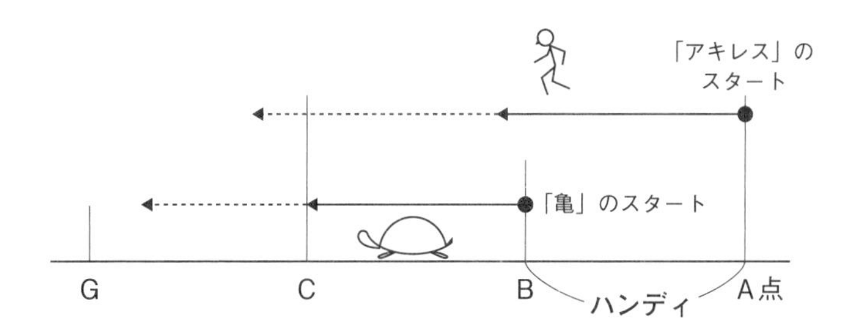

アキレスは、カメに追い着けないという考え。

アインシュタインはニュートンの絶対時間を否定した。そのために、現実には起こりえないタイムマシン的時間論や時間のゆがみまで出てくることになった。

私の時間論は、ニュートンの絶対時間を時刻として考え、アインシュタインの相対的時間を組み合せた、振り子の時間の三つを組み合せた時間論となっている。

（1）時刻はアキレスにも亀にも平等に進む時間で本質的時刻時間

（2）相対的時間とは、絶対的時刻内での変化としての仮りの時間であるから相対的時間となる。カメとアキレスの時間の違いのようなちがいの時間として。

——したがって、ゼノンのこの考え方は矛盾していることは明らかである。～「相対」とは、相対する関係の意味。

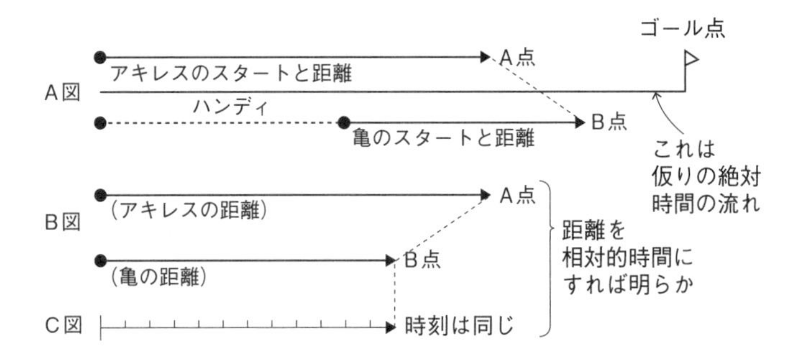

もう一つ、ゼノンの考え方の中に、「飛ぶ矢は飛ばず」という考えをしている。問題がある。

～「物体は動いているか、止まっているかである」として。

もし「矢が動いているなら、それは、「いま」動いているはずである。しかし、「いま」という瞬間には、その矢は、ある決った位置に存在する」と考えた。

つまり静止しているのだから、そこでは、矢は動いていないと考えたのである。

この考えは矛盾した考えとなる。絶対時間の流れは決して一瞬止まるというような事は決してありえない時間の流れである。(空間的広がりの流れ)

もし止めた時間があるとすれば、ニュートンの絶対時間内の相対的時刻的時間。しかし絶対時間とは決して止まる事はない。時の流れは絶対的流れ的広がりであるから。

ゆえにニュートンの絶対時間とは時間の流れの本質でありアインシュタインの相対的時間とはニュートンの絶対時間内の相対的時間となるもの。

ゆえに正しい時間論は、ニュートンの絶対時間とアインシュタインの相対的時間の考えと、私の考える振り子の時間論の三つを正しく使用する事が大切である。

ゼノンの考え

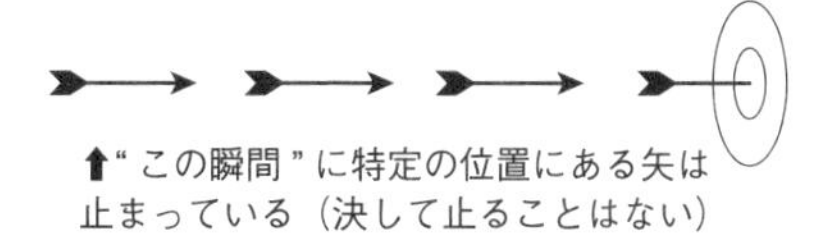

○飛んでいる時の矢は決して止まる事は、ありえない。

ゼノンは時間の奇妙なパラドックスを考えていた。ゼノンは、まだ絶対的時間を知らなかった時代。

宇宙には、絶対的時間の広がりがある。そして絶対時間には止まったり、速くなったり遅くなったりする時間はありえない。

時間の変化は、ニュートンの絶対時間内のアインシュタイン的相対的時間の変化である。

そしてニュートンの絶対時間を否定したら、アインシュタインの相対的時間も存在しなくなる。

そして速い遅いや止まった時間も、すべて絶対的時間内の相対的時間の変化である。

ゆえに、相対的時間の変化は時計的時間の流れと似ている。

そして、線というものは、自然界には無く自然界はすべて空間と立体物の世界。

そしてあらゆる自然界の事を説明するために考え出されたのが時計とか線という道具と言葉である。

◎ニュートンとアインシュタインの時間論を超える私の振り子の時間論

アインシュタインの相対的時間は、ニュートンの絶対時間内の出来事。

絶対時間と相対的時間の長さの違い

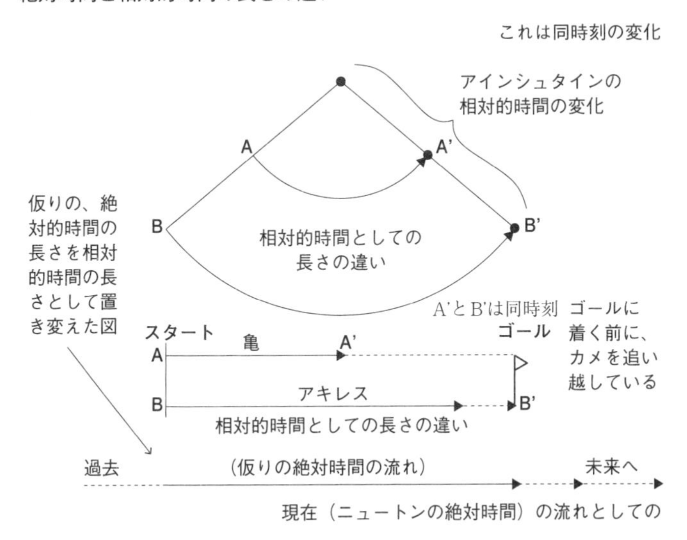

絶対時間は、「速いとか遅いという問題は、存在しない。過去から未来へと、空間的に広がっている。その広がりを人間は線という道具で説明する。それが振り子の時間論でもある。

したがって、ニュートンの主張する絶対時間とアインシュタインの主張する相対的時間の２つが必要となる。
アキレスの距離の長さと亀の距離の違いを相対的時間で見れば、とっくにアキレスは亀よりも前に進んでいる。
時刻としての時間はアキレスにも亀にも平等で、同時刻内の相対的時間の違いなのである。

結局のところ、相対的時間においてアキレスは亀を追い越している。
つまり、時間には２つの時間があるのだ。
しかし、ニュートンは絶対時間だけを主張して、アインシュタインは相対的時間だけを主張したため、物理における矛盾した時間論が語られてきてしまった。
私の時間論はニュートンの絶対時間としての「時刻」と、アインシュタインの相対的時間の２つを使用した時間論となっているため、それまでの矛盾した考えは生じない。

アインシュタインの相対論の大きな欠点は、ニュートンの絶対時間を否定してしまったことである。
そのことによって、現実には起こりえない、タイムマシン論とか、時空（時間と空間のこと）を超えて、などという抽象的な言葉が生じてしまった。
時間を正しく考えるには、時刻としての絶対時間と長さや距離の違いを時間として考える相対的時間の２つを正しく使い分けなければならない。

人間が時刻としての時間を発見してからは、決して時間や空間の外に出ることはありえない。
つまり、タイムマシンや時空を超えるという言葉は絵空事。

そして、絶対時間と相対的時間を、流れとして説明するしかない。(仮り的説明の道具として)
ニュートンなどの時間そのものは人間の目では見る事か出来ないので仮りの説明として線（直線）で方向は自由で、その線の長さを時間の長さとして認識するしかない。

尚、線というものは人間が物事を説明するために考え出したもので、自然界には人間が考えだしたような線というものは無い。自然界は、すべて立体的である。
素粒子のような超小さいものでも、すべて立体的である。

私の振り子の時間論でも絶対的時間の長さは線で表現している。

振り子の「時計」を考え出したのは、オランダの数学者・物理学者のクリスティアン・ホイヘンスであるが、私が考えたような振り子の時間論の応用はなかった。

◎時間と時計と相対的時間と私の考える振り子の時間論について

（1）基本的時間は、ニュートンの考え出した絶対時間。

（2）相対時間はアインシュタインの考えた時間でニュートンの絶対時間を否定して「時計的相対時間」だけを主張した考え。

（3）私の考える「振り子の時間論」とは、ニュートンの絶対時間と、アインシュタインの相対的時間と、振り子の時間とを組み合せた時間論。

尚、時間とは、過去・現在・未来への流れの時間で、アインシュタインの相対的時間は、ニュートンの時間の中の変化としての時間。

又、「時計」とは、～時刻を示したり、時間を計る器械の道具。

「時差」とは、～地球上の二点の標準時の問題ゆえに、国によって、朝の時間などが異なる問題。ゆえに場としての相対的異なりとは別。又、個的場での変化は相対的時刻内の変化。

尚、宇宙から地球を見ると東と西も同時刻と化す。

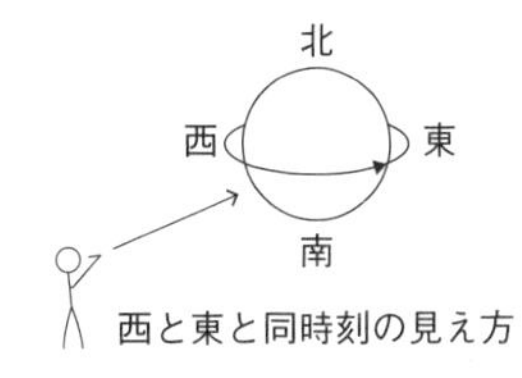

西と東と同時刻の見え方

振り子の同時刻の相対的距離の異なり

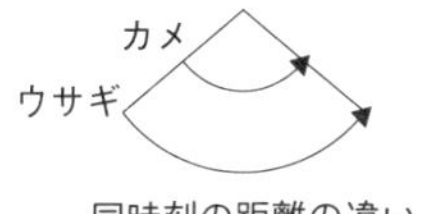

同時刻の距離の違い

◎時間と空間のトンチンカンな言葉

（時間論における絵空事の言葉）

（1）時空を超える（時間と空間の事）？

決して時空を超える事は出来ない。アインシュタインが、ニュートンの絶対時間を否定し、相対的時間論だけの考えをしてしまったので、曖昧な時間論となり、曖昧な時間論が出てしまった。

（2）タイム・スリップとは

「時間の流れが狂って別の時代に飛び込む」という考え？

アインシュタインの相対的時間は、ニュートンの絶対時間内の出来事なので、決して起りえない。

（3）タイム・トラベルとは

過去や、未来を行き来するという考え？

決して起りえない言葉。（絵空事の言葉）

（4）タイム・マシン

過去・未来の世界に自由に行き来する？

（５）タイム・トンネル

　　別の時代に行ったりする超時間通路？

（６）タイム・トリップ

　　時間を超えて過去や未来を旅行するという考え？

（７）タイム・カプセル

　　時代を記録する容器？

（８）タイム・ラグ

　　時間のずれ？

尚「ずれ」とは、

位置や、時間などがずれている状態の言葉。又②食い違いなどの言葉？

など、実にトンチンカンな時間論の考え方が世界中に広がっている。

これらすべてアインシュタインの相対論の時間論の矛盾から生じてしまったもの。

私の振り子の時間論と、ニュートンの絶対時間の流れを十分に認識する事。

アインシュタインの考える、相対的時間論は曖昧な点があるために、実にトンチンカンな時間と空間（時空論）の言葉が、世界中に生じてしまった事は残念である。

そして未だに時空を超えるという言葉がテレビなどでも出てくる。ＮＨＫも同じ。

決して、このようなトンチンカンな言葉は使うべきではない。

時間論の基本はニュートンの絶対時間であり、アインシュタインの相対的時間論はニュートンの絶対時間内の出来事であるという事を、私の振り子の時間論を正しく認識して時間というものを考えるべきであり、

さらに人間社会にとって必要な時間の有り方の言葉を正しく使用すべきである。

尚、アインシュタインの相対性の時間論には、「ある人にとって同時に起る二つの出来事は、別の人にとっては同時ではない」とする考え方もある。
実にトンチンカンな考え方をしている点もある。

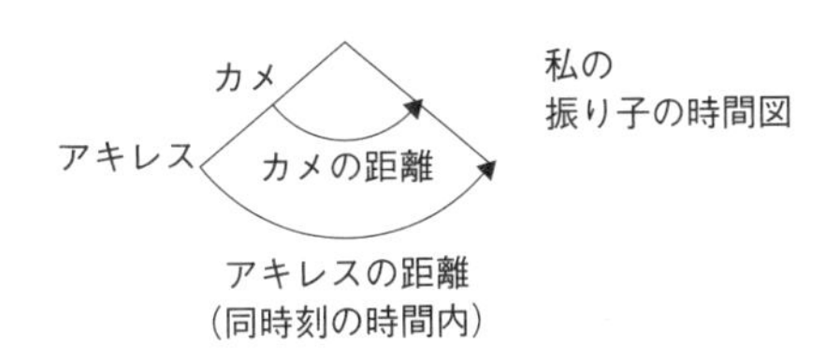

同時間内のカメとアキレスの距離の変化は大きい。

空間の六つの違いについて。

（1）平面上の画用紙などの空間。

（2）平面上の余白としての空間

尚、これは余白の良さの表現の味が無ければただの空間と化す。単なる「あいている所」と化す。

（3）室内や自然界の物と物との何も無い「あいだ」の空間。

（4）地球上の空気空間。

（5）宇宙空間。

（6）宇宙空間の外側の絶対無の超０次元。

尚、「時空」とは時間と空間の事の言葉。

「時間」、「絶対時間」、「相対的時間」、「空間」、「余白」、「間」、「ゆがみ」、「時空」、「重力」などについて考える。

（1）時間とは、（時計的時間）が中心の使われ方。

ある時刻から他の時刻までの間（あいだ）。

（2）空間とは

何もなく、あいている所で、上下、左右前後の無い広がり。

（3）余白とは

絵や書を書く時「表現の味」としての表現の仕方など。又、不足の豊かさとしての表現ゆえに造形表現の意味が理解出来ない人には味わえない表現の味でもある。

（4）間（ま）とは

物と物とのあいだなどの組み合せによって生じるところ。これも、余白同様に、造形表現の味の一つとなるもの。

（5）ゆがみとは

ねじれたり。曲ったりしている場合。

（6）絶対時間の基本は、止めたりする事は出来ないが、人間生活の中で、ものの変化や大きさなどを知るために、仮りに、止めたりする事があるが、その時は基本的絶対時間ではない。

絶対時間は（ニュートンに始まるが）一様的に広がる時間で、何物にも規制されず、流れる時間、又、空間的に広がる。ゆえに、絶対時間は、ゆがんだり、曲ったりしない。

相対的時間は止めたりして見る時間なので、時計的時間となる。「そして、絶対的時間を仮に、止めて、見る時は、相対的な時間ともなる」

（7）時空とは

時間と空間が一所の状態の意味。そして、縦、横、高さからなる空間に時間が一所になった状態の場合。

（8）タイムマシーンとか「時空」（時間と空間の事）を超えるという言葉は決してありえない話し事。（絵空事の言葉）

（9）特殊相対性理論とは（アインシュタインの考え）
物と物との間の時間の変化（時計的時間）

（10）一般相対性理論とは（アインシュタインの考え）
〜重力は（物体を中心に引っぱる引力）は時間と
考える言葉でもある。

◎次元論は時間論でもある。

ユークリッド次元論の考えと私の次元論の違い。

古代ギリシャの数学者にユークリッド（エウクレイデス）がいる。彼が唱えた「次元論」について考えてみたい。

まず、ユークリッドの「次元論」とは以下のような考え方。

次元論の図（ユークリッドの考え）について（曖昧な内容）

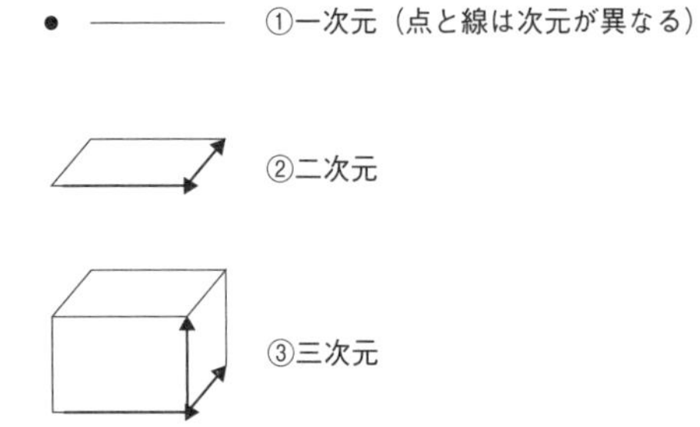

このユークリッドの三次元に、時間を加えて「四次元」としたのはロシアのヘルマン・ミンコフスキーである。

しかし、時間がどのようにして始まったかにおいては、何も語られていない。また、一次元が存在する場についての次元論がない。尚、ヘルマン・ミンコフスキーの時間論は曖昧。

最新の私の考えは、次のようになる。

①超真空＝超次元（０次元の前）
②０次元＝真空的空間
③一次元＝点の始まりで時間の始まり。そして、宇宙の始まりであり「絶対時間の始まりでもある」。そして「素粒子」の始まり。
④二次元＝立体（平面は立体の一部分。尚、自然界には、線は存在しない。すべて立体である）～幅、高さ。尚、二次元が立体的宇宙の始まり。
⑤三次元＝ビッグバン的現象
⑥四次元＝宇宙の広がり

線は、人間が物事を説明するために考え出したもの。
私はこのように次元論を考えている（自然界には、線は存在しない。すべて立体）。人間が作った線のように見えるだけ。

アインシュタインの時間と空間の『歪み』の考え？

この考えは決してありえない事（引力の強弱の変化）

国語辞典の「歪み」の意味は、～①曲がったり、ねじれたりすることの意味。②物の形が正しい形でなくなる事。

1916年に発表した一般相対性理論では、
アインシュタインは時空の概念を進展させて
重力は時空のゆがみであると論じた

宇宙空間や光には素粒子もあるので重力によって引っぱられる

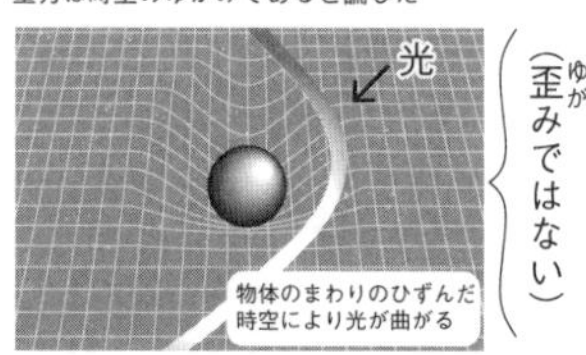

（歪みではない）

物体によってゆがめられた時空のイメージ図非常に重い
物体（天体）の重力により周囲の空間はゆがめられる

「歪み」の意味とは～ねじ曲がるの意味。この図の物体の回りの歪みの図は不自然を感じる。そして、時間と空間はこのような歪み方はしないはず。

宇宙のブラックホールは回りを引力の強さで引っぱられている状態で、上のような図の歪みは生じないと思われる。

尚、石は鉄同様に重いが磁石のようにすべて吸い寄せない。

真空～空気などの存在もない空間。

重～おもさ
力～作用、はたらきの力
「絶対時間は、重さの「はたらき」のために、「ゆがむ」ことはない
地球の表面の引力の強弱の違いによるもの決して時間や空間の歪みではない

○空間のいろいろ

（1）画用紙などの空間は、平面的空間。

（2）部屋の中などの空間は、物と物との間の空間。又、余白も同じ。

（3）宇宙の空間は0次元的空間の広がりで、絶対空間的広がり。

○国語辞典の空間の教えは間違い

（1）何もなく、あいている広がり。

（2）上下、左右、前後にわたり、無限の広がり。

この次元を三次元としているが間違っている。

時間の始まりと宇宙の広がり、私の考え

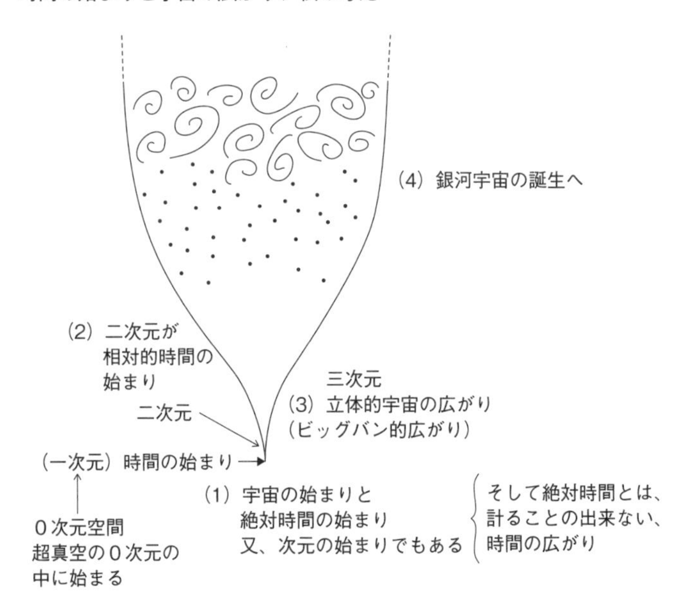

宇宙の始まりは一次元の始まりで、時間の始まりでもある。

そして一次元の時間の始まりから何億年かして、原始的銀河も成長して来たのではないだろうか。

そして地球も生れて来たが、現在の地球上の生きものとしての人間は最悪の生きものと化している。

地球から恐竜が絶滅したように人間も絶滅する事を地球は願っているかもしれない。

◎時間の六つの在り方について

（1）宇宙の始まりの「絶対時間」で、アインシュタインの相対的時間は、この中での出来事。（ゆえに、ニュートン的絶対時間を否定したら、アインシュタインの相対的時間は消えてしまう。）そして、絶対時間とは、速さを計ることの出来る時間でもあり、現実的には目で見える時間ではなく、空間的に広がっている。又、「仮りの絶対的時間の流れとしての説明として使用する事もある」

（2）相対的時間とは、計り事の出来る時間の変化など。

（3）時計の時間とは、相対的変化を計ることの出来る道具は時間。又、時計の時刻の変化は、時間の流れの一つでもある。

（4）日常生活における個人個人の固有の時間のあり方など。

（5）心理的に感じる時間のイメージや、自然現象の変化の流れ。

（6）そして、私の考える「振り子の時間論」。ニュートンとアインシュタインの時間論を超えた時間論。

人間生活は、これらすべて必要な時間概念となるもの。

尚、絶対時間には速い遅いの問題はなく空間的に広がっている時間。

そして、時と場合によって物事の変化を線の長さや位置の違いなどで時間の変化を見えるものとして仮りに説明したりする。

そして時間の多くは道具的使用でもある。

ゆえに、アインシュタインの相対的時間の変化は、道具などで説明される仮りの時間の世界でもある。

時間論については上記の六つの問題を正しく認識して仕用する事が必要。

世界中で、未だにこの事に気づいていない。

◎人間生活に必要な時間と人間とは無関係な時間について

人間生活に、必要な時間として、時計的時間と、私の考える振り子の時間論がある。

そして、物理的宇宙時間や次元論的時間などがある。

この二つを「ごちゃまぜして考えてはいけない」

この二つの時間の有り方を正しく区別した認識の時間論が必要である。

この区別の曖昧な考えの時間論では意味が曖昧と化す。

ゼノンの「アキレス」と「カメ」の時間論もその一つと言える。

又、アインシュタインの相対的時間論も、その一つとも言える。そのために時間と空間を超えると言うような、トンチンカンな時間論も出てしまった。

日常生活では、時計的時間が必要である。その変化を認識する事で、日常の生活も混乱せずに生活が出来る。

そして、ニュートンの絶対時間の広がりも、道具として私の振り子の時間論として時間の変化を認識する事が出来る。

基本的には、ニュートンの絶対時間は目で見る事は出来ないが例えとして、振り子の時間の流れとして応用する事が出来る。

私の考える振り子の時間論とアインシュタインの時間の流れを線にすれば、ゼノンの言う「カメ」と「アキレス」の速さの変化を目で見る事も出来る。

又、アインシュタインの相対的時間の変化をも目で見る事が出来る。

◎時間と空間の問題は絵画表現の中にも有る

造形と造詣（けい）の問題として

（1）造形～形の表現や技術の問題など。

（2）造詣～学問や芸術表現の問題など　この組み合せ

そしてこの中には、時間の表現の問題や空間や余白などの問題が含まれている。

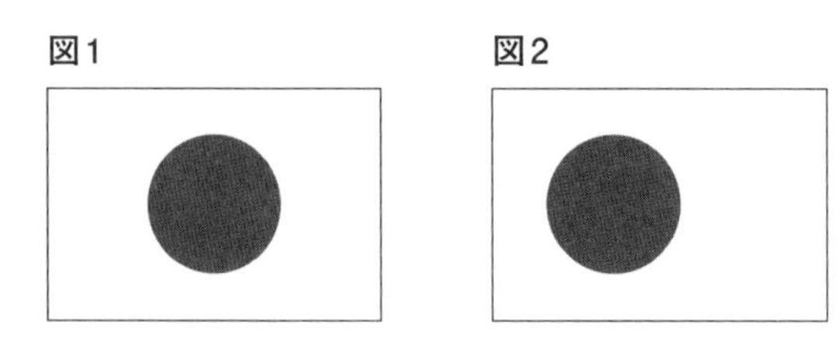

ゆえに絵画表現としては、２図のような余白表現が無いと作品としての造形と造詣の味が生れない。

これは絵画表現の基本でもある。

生け花の場合も「床柱」に対して1/3の影側に生け花を置く。

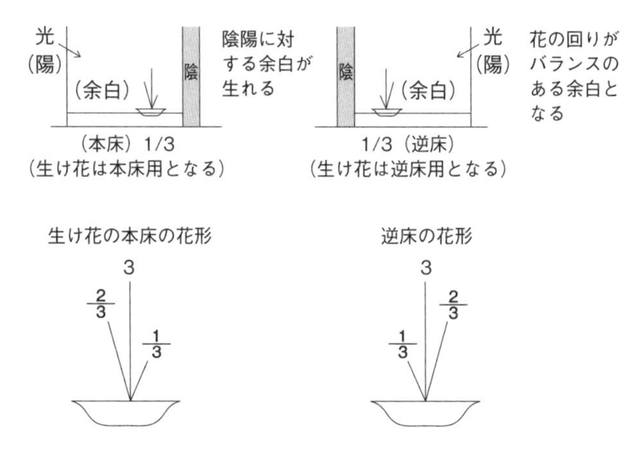

音楽が時間表現であるように絵画でも時間的表現がある。

鉛筆画による音楽表現（時間的表現作品）左から右へと、時間的流れを表現。

題名「リズム」（左から右へと見る）

私の考えた造形と造詣の時間表現

題名「リズム」

私の考えた造形と造詣の時間表現

日本画家の上村松園さんの作品（松伯美術館蔵）「人形つかい」を書き起こしたもの

見物人の視線が、室の内側へと引き込むような構図表現となっている。実に精神性と造形と造詣の深い表現作品となっている。

めったに、これほどの精神性の深い作品に出会う事はない。

このように空間という画面の中で、時の流れを感じさせる表現作品に出会う事は一生の間でほとんどない。

私の作品「六道」油絵

異次元同時表現となる作品

◎「時の流れ」（経過の中で）古代から現代（令和の時代）2023年までの人間はどのような生き方をしてきたのだろうか？

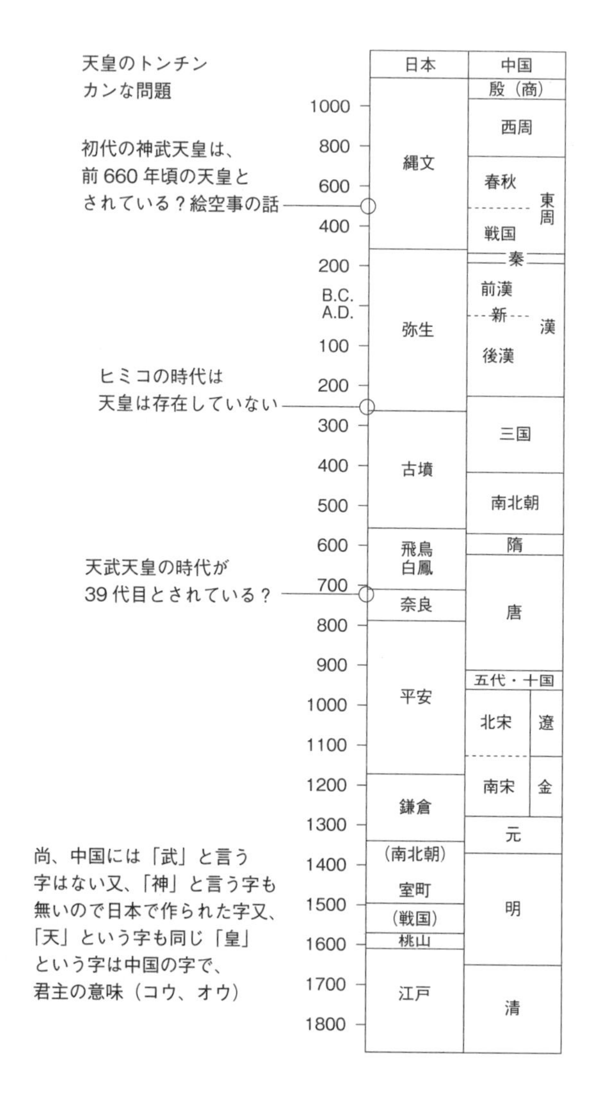

これも「時の流れ」現象の問題の一つとも言えるのではないか。

縄文時代では、人と人との争いも、ほとんど無い時代だったようだが、時の流れによって、日本国内では、さまざまな争い事が生じている。

弥生時代から米作りが始まり、飛鳥時代には、古代中国の文化や道徳哲学の五行思想も伝わっている。（十二の制定も作られている）～五行の道徳哲学の法。

そして、平安初期頃に鳥居の中に、五徳の道徳哲学を含ませた鳥居を南口に建てるようになったが現在の日本人のほとんどの人が鳥居の五徳を知る人のいない社会と化している（神社の人も同じ）。

そして、日本では飛鳥時代の頃から国内での争い事も始まり、平安時代には源氏と平家とが争い事と化した。

その後鎌倉時代と変わって鎌倉の後期には、中国をモンゴル人が統一し、「元の時代」となり、こんどは、日本にも攻めてきたが、台風によって攻めきれなかった。

そして、室町時代になると、武士同士の争いが、又、始まり戦国時代となった。

その後、秀吉の時代と化したが、秀吉が死んだ後に、また戦国時代と化し、徳川の時代となって、少し落ち着いた時代がつづいたと思ったら、また争いが始まり、明治の時代と変わった。

その後昭和の時代になると、こんどは世界戦争にまで広げた戦争事が始まり、「昭和の元号の意味」も知らずに多くの人の命を奪い、多くの人の生活をも苦しめてきた。

そして第二次世界戦争が終って、70年後には、こんどはロシアのプーチン大統領の命により、ウクライナへの戦争事が始まり、世界中が迷惑な時代と化し、多くの人の命を奪い住む所も破壊し、世界中が迷惑する時代と化している。そして、ロシア国内では国民が反対できないように弾圧を加えている。そして、イスラエルとハマスの戦争事が始まっている。

そして人間は地球上の生き物の中で最悪な生きものと化しつづけている。又、日本国内でも、さまざまな悪質な犯罪事も多くなっている。

地球上の生きもので、人間ほど悪質な生きものはいない。
そして、文明だけが進み、紀元前1200年頃に書かれた書経の中の道徳哲学も知らず、地球上の生きもので、最悪の生きものと化している。
そして、文明の悪質な争い事が始まろうともしている。
実に、地球上の生きもので、人間ほど恥知らずな生きものはいない時代と化している。
地球をゴミで汚すのも人間だけ。

もし地球が、言葉を言うとしたら、「地球から人間は消えろ」と言うかもしれない。

実に時の流れ（経過）の中で地球の生きもので、人間ほど悪質な生きものはいないのかもしれない。

そして絶対的時間の流れを止める事は絶対に出来ない。

「昭和」の元号も、日本で使用された、鳥居の中の五徳（「仁、礼、信、義、智」）も前1,200年頃の書経に始まる言葉（古代中国の殷の頃。日本では縄文時代）。

そして、今の中国は元の時代から変わった。

人生を時間的に考えると、一度限りの命のようにも思えるが、人生の時間の中で、生き甲斐の有る学び事を楽しめると、山ほどの時間を楽しめたようにも思える。

そして、これで良しと人生を終える事が出来そうに思う。

人生の長い時間を楽しめた。

しかし、地球上の生きもので、人間のような悪質な生きものはいない。

そしてトンチンカンな絵などを残すと、永遠に恥を残しつづける事となる。

有名な画家の中にも多くいる。

これも時間の流れの問題でもある。

時間の問題は、物理学だけの問題ではない。

人の一生の時間の流れ（時の流れ）の中での出来事も、時間の流れの問題でもあるという事を忘れてはいけない。

形而上学的時間は人の一生の中の時の流れの中での出来事の問題でもある。

形而下的時間の問題は物理学的変化の相対的出来事が多い。自然現象も同じ。

この二つの時間の問題も忘れてはいけない。

形而上学的とは思考でのみ知る問題で、現象の奥にある精神的問題について。

形而下的とは有形の問題で物理的時間、空間の中での出来事として知る問題の変化。

この二つの違いも正しく認識する必要がある。

そして、絶対的時間には、速いとか遅いの問題は無い。

そして、宇宙の始まりは絶対的時間（一次元）の始まりからであり、アインシュタインは、ニュートンの絶対的時間について否定していながら、相対的時間論だけで時間というものを主張したため、タイムマシーンとか、時空を超えるとかなどなどのトンチンカンな言葉まで、世界中に広まってしまった。

そして、今だに直らずにいる。

又、ビッグバンは決して宇宙の始まりではない。

そして、ユークリッド次元論についても実に内容の無い次元論が今だに世界中で広まっている。

そして、ビッグ・バンは決して宇宙の始まりではない。私の考える一次元が、時間（絶対時間）の始まりである。

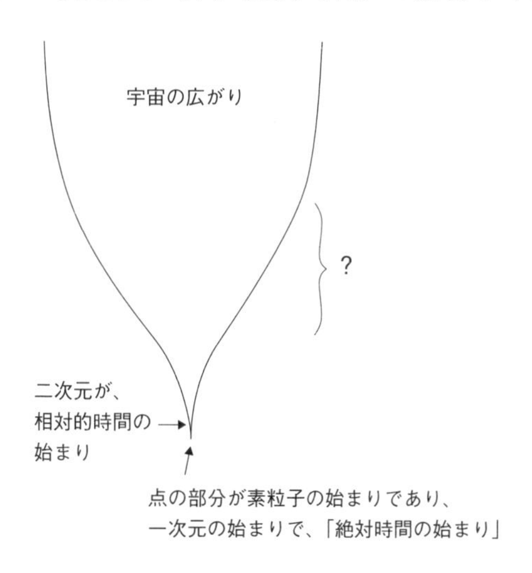

そして、人の生き方も、生れて死ぬまでの時の流れの中の、さまざまな人生の有り方の世界。

そして一人一人の生き方で一生が終る時となる。又、良し悪しもさまざま。

終りの有る人生（時の終り）で、自分なりの生き方を考え、学び事を深める人。文化を深める人。自分の趣味を深める人、農業に生きる楽しみを感じる人など、さまざまな生き方があり、時間の過し方がある。

又、悪さをする人もいる。
これらすべて絶対時間の流れの中での現象。

孔子の言葉に、「50前に死んでも人生を全うする人もいるが、長く生きても、何も無く死ぬ人の方が多い」と言っている。
いろいろな意味で、時間の流れ的生き方もあり、決して、物理学的時間だけが時間論ではない。
人の生き方の生から死の時間的流れ的時の問題もさまざまに存在する。

そして、現在では「人生百年時代」などとトンチンカンな言葉だけを言う人も多くなってしまった。

尚、詩人の「金子みすゞ」は若くして夫に病気を移され、一人いた子供は夫の方に引き取られ、「みすゞ」は実家に帰り、三通の手紙を書き、死ぬ前に、写真家さんに行って写真を取り、実家の二階で、夜に自殺している。
朝になって母親が2階にいった時、みすゞは自殺していた。
しかし「金子みすゞ」の詩は実に内容のある詩が多く、死後においても多くの人の心に、影響をあたえつづけている。
36歳という短い生涯となったが、みすゞの詩は死後も生きつづけている。

「金子みすゞ」は、40歳前に人生を全うしている。

私の人生の時間の半分もない時間の中で人生の時間のゴールは死。

ゴールの前に、どんな思いでゴールするかが問題。そして、何が残せたか。

◎最後に「時の流れ」の言葉として

金子みすゞのほかに、孔子の言葉や、葛飾北斎の言葉や高島野十郎の生と死や、芥川龍之介や、登山家の植村直己さんなどの時の流れの生と死について思う事。

人生こそ、「時の流れの中での生と死と学びの事の問題による出来事でもある。

孔子の言葉に「50前に死んでも人生を『全う』する人もいるが、長く生きても、何も無く死んでいく人が多い」と言っている。……現在も同じ。

そして、現在は文明中心の社会が強まり、文化や道徳哲学や芸術の正しい認識も、さらに曖昧化した時代と化している。

いずれにしても、すべて時の流れの出来事である。

葛飾北斎の生と死について（89歳で人生を終えている）。

江戸時代の後期の時代「あと、５年ほど生かしてくれたら、本物の画を描けるのに」～（現在の多くの画家も、この言葉に学ぶ必要がある）。（良い作品も多く描いている）。

尚、東京芸術大学の初代校長をしていた「岡倉天心」の言葉に、「画には傑作と駄作とがあるが、多くの場合が駄作である」と言っている。ピカソもゴッホも同じ。「画家は、ものごとの内面（本質）に直接かかわること（学ぶこと）を目的とし、外面的付属物に心を取られてはならない。禅僧が、手のこんだ色彩画より、水墨画を選んだ理由の一つでもある」と言っている。

そして、書道も構図や余白表現の問題もあり、造形と造詣の問題もあり、文化芸術作品の一つでもあると言っている。

しかし、現在の東京芸術大学は、岡倉天心の時代は、天心が水墨を教えていた時代だったが、西洋の油絵も伝わるようになっていた。

そんな時、ある国会議員の息子がフランスに行き、油絵を学んで帰国した事で、東京芸術大学には、その頃は、油絵科が無かったので、東京芸大で油絵の先生になることを考え、国会議員の親は、息子のために東京芸大に圧力をかけるようになり、芸大ともめ事となり、政治的圧力で、岡倉天心は東京芸大を出ることとなってしまった。

そして現在も東京芸大には水墨画が無い。

しかし、現在の油絵科においても、学び事の浅い内容がつづいていて、造形的構図表現もなく表現内容も、トンチンカンな絵しか描けず、卒業してくる人が多い状態がつづいている。

高島野十郎について。

野十郎の人生の生と死の時の流れの問題とは、明治23年に福岡の久留米に生れ、昭和50年に亡くなっているが、「炎ゆらぐ」一本のローソクを生涯にわたって繰り返し描きつづけた画家であった。

野十郎氏にとって一本のローソクの絵だけは、売る対象とはしなかったという。

そして生涯に、30数点もローソクの絵を描きつづけたという。

ローソクの絵については多くの場合が「焚(た)き付けの用にでもしてください」と言って、知人や農家の人などに、手渡していたという。高島野十郎は東京帝国大学農学部を卒業して、晩年に、東京青山から千葉の柏市へと移り、特定の師にもつかず、団体も属さず、晩年の柏での生活は竹林の仙人のような生き方をしていたようだ。

昭和35年にオリンピックをひかえて、

騒々しくなった青山を出て、千葉の柏に、小さな住まい(住まいと言うより物置小屋のような所で、)電気も水道もない生活だったようだ。

そして、ベッドと、小さな流し台がある粗末な住まいだったという。

しかし、野十郎にとっては必要にして、十分な豊かさを感じる毎日のようだった。

後年に立ち退きを求められた時、野十郎は補償として、求めた条件が、今のままと同じようなアトリエを建ててほしいと求めたという。

しかし周囲の人々は野十郎は一人住いで80歳を過ぎた年になっているので野十郎のために、老人ホームで生活したほうがいいのではないかと考え、むりやり老人ホームに入れられてしまった。

連れ出される時、野十郎はアトリエの柱に、しがみついて、離さなかったという。

しかし、無理矢理に、老人ホームに入れられてしまった。

その後は、一度も筆をもつことは無かったという。

そして、まもなく老人ホームで亡くなったという。

個人個人の人生の生き方は、他人には知る事の出来ない時間の過し方があり、死に方もある。

本人にとっては実に悲しい時の流れの死に方と化したのであろう。

次に、芥川龍之介の死について。芥川龍之介の言葉に「死ぬことより、生きることの方が私にとっては難しい」と友人に言っていた言葉がある。

おそらく、納得するような小説が書けなくなった事の苦しみがあったようだ。

その後、３カ月後に自殺してしまった。

作品には「金閣寺」や「蜘の糸」や「地獄変」などがあるが、実に内容のある精神性の深い小説を書いている。

「地獄変」の内容とは、絵師の「良秀」という人がいて、良秀の右に出る絵師はいないとまで言われた人物で、その良秀には一人の娘がいたが、殿様のところに、女房として上がっていたが、その娘には、よくなついた猿が一匹いた。

ある時、良秀は可愛い娘を下げ渡してほしいと、大殿に申し出たところ、大殿は、それはならぬと、はっきり断わられてしまった。

それでも、良秀は、なんども大殿に下げわたしてほしいと申し出ていた。

ある日、大殿は、良秀に、「地獄変の屏風（びょうぶ）」を描いたら娘を下げわたそうと言った。

それから何カ月かして、地獄変の屏風絵が描けないと、殿様に言った。そして、牛車の中で黒髪を乱し、苦しんでいる姿を、この目で見なければ本物の地獄変の屏風絵は描けないと言い出した。

それから20日ほど過ぎてから、大殿が、車の焼けるところを見せてやると言われ、ある日、良秀を呼び、家来に牛車に火をつけさせた。

燃え上る車の中には少女の苦しむ姿が見え、やがて良秀は、その車の中にいる少女が、自分の娘だと気づいたが、その時、娘が可愛いがっていた猿が、燃え上がる炎の中へと飛びこんでいった。

しかし、良秀は茫然と燃え上がる炎を見つめるだけだった。

それから何カ月か過ぎて、良秀は、「地獄変」の屏風絵を描いて、大殿の所に届けてから、家で自害した」という内容の本である。

もう一つの芥川の作品に、「蜘蛛の糸」がある。

「悪いことばかりしていた『犍陀多』が、生前に一度だけ、「蜘蛛」を助けたことがあった。それを見ていた「シャカ」が、地獄にいる「犍陀多」を一度だけ助けてあげようと、「蜘蛛」の糸を天国から犍陀多の前に下ろしてやった。

すると犍陀多はその糸を見つけて、上り始めた。それを見ていた他の者が犍陀多の後を上り始めた。それを知った犍陀多は足で蹴って落そうとすると、糸が切れてしまい、その地獄の池へと落ちてしまった」という内容の本である。

次に登山家の「植村直己」さんの生と死に思う事。

冒険家としても有名な人だった植村さんがマッキンリーの下山中に行方不明となった。冬山の雪のなかで、行方不明となり、見つからなかった。

しかし、私は事故で亡くなったのでなく、冒険家として、完結したのではないかと私は思った。

生前に、テレビを見ていた時、インタビューの中で、「こんどは、どんな山に？」と聞かれていた事がある。「目的を達成しても、マスコミは次のことを期待する」。

植村さんは考える事があって、最後まで登山家又、冒険家として、自分の人生を山の中で終らせたのではないか」と思った。自分の人生の時の流れを下山途中の山の中で身を隠したのではないか。自分の人生の終りの時を山の中に隠す人は多いのではないか。

私も考えている事もある。

時の流れの時間の問題は、人の生き方の中にもいろいろな形での時の流れの有り方もある。

ゆえに、『時の流れ』とは時間的問題であり言葉として必要な言葉であり、単なる川の流れ以上の問題を含んだ言葉であり、人間社会の時代的流れ的内容の問題の言葉であり、「長い年月とか、区切られた期間的意味の言葉となるもので、決して、幻想的言葉ではない。

死後に良い影響を与える作品や言葉を残せると死後（時間的後）においても、人の心の中で生きつづける。しかし、悪い（内容の無い絵）などを残して死ぬと、死後も恥をかきつづける事となる。（これも時間の問題）。

私は80歳を過ぎているが、時間論では物理のノーベル賞に挑戦したかったが手順などや、英語も、スウエーデン語も知らず死んでいくだろう。しかし、内容としては、ニュートンやアインシュタインの時間論を超えているはず。

そして、ユークリッドの次元論も超えているはず。

文明が進み「ロボット化社会」が進み、道徳文化が消え始めている。

人間が人間らしく生きる社会が無くなっているのではないか。

しかし「絶対時間」だけは、さらにつづく。

そして、地球は「地球の中の生き物で、人間ほど悪質な生き物はいない」と言っている（戦争事などなど）。

そして、人間は死ぬまでの間に、山ほどの「ゴミ」を出しているが、人間以外の生き物は、ほとんどゴミを出さない。

そして、現代の日本は「アート」とか「文化」などの言葉だけを使用して、中身は内容の無いトンチンカンなものだらけの時代だけがつづいている。

これらすべて、学校教育の問題もあるのだが……。

著者プロフィール

石井 均（いしい ひとし）

【師事、影響を受けた人】
藤本東一良（芸術院会員、日展顧問）色味・構図・抽象の意味を学ぶ
岡本太郎先生にはものの見方を学ぶ
坂崎乙朗（早稲田大学教授で芸術評論家）日本を代表する美術評論家だった人。

【略歴】
元、三軌会審査委員（美術団体）三軌会にて日本経済新聞社賞など受賞
元、東京都講師として学校勤務
元、日本植物学会会員 1989 年頃
元、造形美術研究所にて、美大卒者の指導 1978 年頃
おもな出品
初個展（新宿紀伊国屋書店の画廊企画）坂崎先生の推挙　1974
安井賞展（セゾン美術館）1974・1975　出品
昭和会展（日動画廊）1976 年頃 3 回出品する（招待）
日本国際美術展（主催・毎日新聞社）ビエンナーレ　1975　出品
国際青年美術展（主催・外務省など）1977　出品
現代日本美術展（主催・毎日新聞社）　ビエンナーレ　1977　出品
現代日本のマニエリスム展招待（東京都美術館）　1980
シェル美術賞展（旧シェル石油主催）1981 年、以後考える事があり油絵を辞める。油絵を辞めた後は物理学における時間論と日本文化を学ぶ内に、水墨画の日本文化への影響の深さを知り、水墨画に興味を持つようになる。

【著書】
「相対論はやはり間違っていた」（徳間書店より、大学の教授達と、共著）
1994 年
（私の論文は、アインシュタインの時間論の矛盾について）
「振り子の時間論と左右性学」（近代文藝社）　2014
（私の振り子の時間論と今だに直らない諸の問題など）
（左右性学とは、「陰陽」・「文化」・「物理」・「鏡の写り方」・「気象」・「植物」・「貝」・「ＤＮＡ」など）
その他の著
「総合哲学」
「今こそ日本文化と哲学」
「文化講演」～道徳の哲学的原点など。
「言葉の意味と日本文化と生と死」総集編
「時間の始まりは宇宙の始まり」

2016 年 7 月に、特許庁より、知識の教受として「日本左右性学学会」を設立する。

時間の始まりは宇宙の始まり
「ニュートン」と「アインシュタイン」を超える時間論

2024年 3 月15日　初版第 1 刷発行

著　者　石井 均
発行者　瓜谷 綱延
発行所　株式会社文芸社
〒160-0022　東京都新宿区新宿1－10－1
電話　03-5369-3060（代表）
03-5369-2299（販売）

印刷所　図書印刷株式会社

ISBN978-4-286-24793-9